2019客厅

精·选·图·鉴

雅致中式风格

锐扬图书 编

海峡出版发行集团 | 福建科学技术出版社
THE STRAITS PUBLISHING & DISTRIBUTING GROUP | FUJIAN SCIENCE & TECHNOLOGY PUBLISHING HOUSE

图书在版编目（CIP）数据

2019客厅精选图鉴.雅致中式风格/锐扬图书编.—福州：福建科学技术出版社，2019.1
ISBN 978-7-5335-5719-5

Ⅰ.①2… Ⅱ.①锐… Ⅲ.①住宅－客厅－室内装饰设计－图集 Ⅳ.①TU241-64

中国版本图书馆CIP数据核字（2018）第243121号

书　　名　2019客厅精选图鉴　雅致中式风格
编　　者　锐扬图书
出版发行　福建科学技术出版社
社　　址　福州市东水路76号（邮编350001）
网　　址　www.fjstp.com
经　　销　福建新华发行（集团）有限责任公司
印　　刷　福建新华印刷有限责任公司
开　　本　889毫米×1194毫米　1/16
印　　张　6
图　　文　96码
版　　次　2019年1月第1版
印　　次　2019年1月第1次印刷
书　　号　ISBN 978-7-5335-5719-5
定　　价　39.80元

小贴士
目录

小贴士
目录

软装运用 →

精雕细琢的明清家具对称摆放，彰显了中式风格的规整与大气。

装饰茶镜

木质窗棂造型

印花壁纸

米白洞石

色彩搭配 ←

棕红色与米色的搭配，奠定了客厅传统、复古的空间氛围。

艺术地毯

亚光地砖

米色人造大理石

黄橡木金刚板

木质窗棂造型

软装运用

鸟笼造型的宫灯，在传统中式客厅中，显得十分别致、新颖。

材料搭配

墙面选用壁纸与大理石作为装饰，色调温馨、柔和，打造出简洁时尚的现代中式风格空间。

肌理壁纸

云纹人造大理石

中式风格的特点

中式风格的居室空间非常讲究层次感，在需要隔绝视线的地方，通常会设置中式的屏风或窗棂、中式木门或简约化的中式博古架等。中式家居装修风格的设计多采用简洁、硬朗的直线条，偶尔会采用带有西方设计色彩的板式家具与中式风格的家具相搭配的设计方法。直线装饰在空间中的使用，不仅迎合了中式家居追求内敛、质朴的设计风格，还反映出现代人追求简单生活的居住要求，使中式风格更加实用、更富现代感。

软装运用 →

新中式布艺沙发摒弃了复杂的造型，以简洁硬朗的直线条为空间注入现代感。

胡桃木装饰线

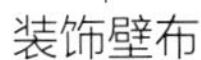

装饰壁布

木纹大理石

米色玻化砖

木纹大理石

米色大理石

木质窗棂造型

米色人造大理石

木纹玻化砖

米黄大理石

色彩搭配

以黑色、灰色、白色为基调，运用少量的黄色、蓝色作为点缀，打造出一份属于中式风格的清新感。

胡桃木窗棂造型

云纹大理石

白橡木金刚板

软装运用

家具的设计线条简洁，既能展现新中式风格传统的美感，又能呈现现代生活的简洁理念。

木纹大理石

米色亚光玻化砖

白色玻化砖

木纹壁纸

色彩搭配 ➔

两盏红色台灯的运用，是客厅中色彩搭配最亮眼的点缀。

胡桃木饰面板

米色网纹大理石

胡桃木装饰线

木质窗棂造型

软装运用 ←

以简洁的直线条为主的客厅家具，为传统中式风格空间增添了一份现代感。

色彩搭配 →

棕色与粉红色的搭配，彰显出传统中式的富贵气息。

米黄大理石

米色网纹亚光墙砖

仿古壁纸

米色大理石

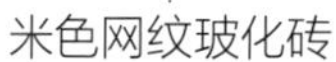

米色网纹玻化砖

米白洞石

米白洞石

软装运用

古色古香的中式木质家具，打造出一个古朴、雅致的空间氛围。

中式风格的色彩搭配与表现

中式风格的色彩以苏州园林和京城民宅的黑、白、灰色为基调，在黑、白、灰基础上以皇家住宅的红、黄、蓝、绿等作为局部色彩。

1. 黑、白、灰、棕

在空间基色上尽量选择淡色。让相对偏深、偏暗的中式家具和饰品有一个色彩的视觉缓冲。也可适当地使用浓烈的色彩产生强烈的视觉对比。

2. 深棕、灰色、红木色

中式家具色彩一般比较深，这样整个居室色彩才能协调，再配以红色或黄色的软装就可以烘托居室的氛围，这样也可以更好地展现古典家具的内涵。

色彩搭配 ➜

棕红色与米黄色的搭配，让整个空间显得既古典又温馨。

米黄大理石

材料搭配 ➜

青砖与木材的搭配，体现了中式风格的厚重感。

肌理壁纸

手绘墙饰

中花白大理石

米白色玻化砖

米白洞石

软装运用

瓷器与画轴的运用，让空间的中式文化气息更加浓郁。

手绘墙饰

色彩搭配

多种鲜艳颜色的点缀运用，为传统中式风格空间增添了一份生动活泼的气息。

黑胡桃木饰面板

米黄网纹大理石

材料搭配

大理石与镜面打造的电视墙，在视觉上更有层次感。

肌理壁纸

订制墙砖

装饰壁布

白色人造大理石

黑胡桃木装饰线

肌理壁纸

米色亚光墙砖

无缝饰面板

软装运用

水晶吊灯在现代中式风格空间内并不显得突兀，反而营造出不一样的时尚美感。

艺术地毯

米黄洞石

木纹大理石

布艺硬包

软装运用 →

六角造型的宫灯，让传统中式韵味更加浓郁。

订制大理石

艺术地毯

木质窗棂造型

铁锈黄大理石

材料搭配 ←

斑驳石材装饰的沙发墙，为客厅空间增添了一份古朴的雅致美感。

印花壁纸

彩色硅藻泥

直纹斑马木饰面板

实木装饰线

羊毛地毯

色彩搭配

红色、蓝色的少量点缀，让空间配色更有层次的同时，也彰显了中式传统色彩的富贵气息。

米白色玻化砖

实木装饰线

软装运用

平行排列的装饰画，大大增强了空间设计搭配的平衡感。

传统中式客厅的常见装饰元素

传统中式风格客厅的家具多以明式、清式为主，以黑色、红色为主要装饰色彩。字画、匾额、挂屏、瓷器、博古架、屏风等都常用于中式风格的装修中。另外，彩陶、青铜、古朴的战国风格的器皿和帛画、民间剪纸、年画等，也能体现出中国传统文化的多种内涵，都可以用于中式风格客厅的装饰。但是，一定要注意，无论采取什么样的装饰品，以什么样的形式装饰，都不能杂乱无章。应该先确定一个最重要的焦点，予以突出展示。若还需要其他的装饰品来补充，这些用于补充的装饰品决不能喧宾夺主。

有色乳胶漆

艺术地毯

中花白大理石

布艺软包

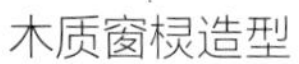

木质窗棂造型

有色乳胶漆

中花白大理石

米黄色玻化砖

艺术地毯

米黄云纹大理石

软装运用

直线条的新中式风格家具，给空间增添了一份简洁硬朗的现代感。

肌理壁纸　　木质窗棂造型

肌理壁纸　　木质格栅

色彩搭配

红色、黄色、棕色、黑色的运用，让客厅空间尽显中式风格配色的富贵气息。

米色网纹大理石

胡桃木饰面板

装饰壁布

艺术地毯

米黄大理石

软装运用

将古典欧式吊灯运用在传统中式风格客厅内，别有一份韵味。

米黄网纹大理石

米色网纹玻化砖

色彩搭配

米黄色、深红色、棕红色的搭配，让人感觉到属于传统中式雍容华贵的美感。

木纹大理石

米白大理石

米白色玻化砖

色彩搭配 →

米色与棕色的搭配，营造出一个温馨舒适的客厅空间。

米色网纹大理石

软装运用 →

古典美式吊灯与藤质坐墩的运用，为中式风格客厅增添了一份异域美感。

装饰壁布

实木雕花

手绘墙饰

胡桃木装饰线

色彩搭配 ←

米黄色+棕黄色+蓝色的搭配，给人呈现出一种属于中式风格的华美与贵气。

红橡木金刚板

肌理壁纸

花板和屏风在中式客厅中的应用

花板在明清式样家具的门板、栏杆等处经常采用，有镂空的或实底雕刻花纹图案两种形式。花板形状有圆形、方形、八角形等，所刻图案一般是中国传统的吉祥纹样，如福禄寿喜、万事如意等。花板的形式多样、大小灵活，可以单独使用，也可以组合着挂在一起，形成一幅新的图案，挂在沙发墙、电视墙上面，中式的优雅就表现得淋漓尽致了。

屏风多用于需要隔断的客厅，如玄关和客厅合建等场合。屏风有挡屏、实木雕花、拼花、黑色描金等形式，图案多用花草、人物等。在实际应用中，考虑到采光、美观等多种因素，镂空雕花的屏风应用较多，市场上也有很多现成的中式屏风可供选购。

装饰壁布

中花白大理石

木纹大理石

灰白洞石

艺术地毯

红橡木金刚板

软装运用

木质家具、布艺饰品、灯饰等装饰，无一不展示出传统中式风格的奢华与大气。

米白色人造大理石

米白洞石

米黄色无缝玻化砖

米色玻化砖

红樱桃木饰面板

软装运用 →

装饰画的木雕边框，让空间的中式文化底蕴更加浓郁。

米白洞石

材料搭配 →

大理石与木质线条的搭配，层次分明，色彩淡雅，彰显了现代中式风格的雅致与大气。

米色网纹大理石

软装运用 →

绿植的运用为传统中式风格空间增添了一份自然的气息。

印花壁纸

米色云纹大理石

材料搭配 ←

石材与墙饰画的完美结合，让客厅空间更多了一份传统中式风格的古朴与雅致。

米白洞石

仿洞石玻化砖

色彩搭配

米色+红色的搭配，让客厅的格调显得温馨又有富贵气息。

木纹玻化砖

泰柚木饰面板

铁锈黄大理石

水曲柳饰面板

木质窗棂造型

车边银镜　　金箔壁纸

软装运用

简化的屏风，为传统中式风格空间融入了一份现代简洁的美感。

仿古壁纸　　实木顶角线

材料搭配

镜面的运用，为传统风格空间增添了一份属于现代风格通透的美感。

手绘墙饰　　仿古墙砖

色彩搭配

手绘墙是整个空间色彩搭配的亮点，也最能体现空间配色的层次感。

现代中式风格客厅的特点

现代中式风格的装修，往往不是纯粹的传统中式风格，而是将传统中式元素的精华与现代社会的审美习惯融合在一起，从而形成一种“新中式”的风格。这种改进后更加贴近现代人生活习惯的风格让中式的古典韵味简练化，同时又让现代风格呈现出古典化的特点。可以说，现代中式装修设计既体现出了传统中式风格家居的独特韵味，又呈现出了现代生活的简洁大方，是将中式风格和西式风格合二为一的过程。

软装运用 →

新中式客厅中，直线条家具的运用，为空间注入一份现代美感。

装饰壁布

布艺硬包

云纹大理石

木纹玻化砖

装饰壁布

有色乳胶漆

木质窗棂造型

米色人造大理石

木质格栅

仿古砖

软装运用

水平悬挂的水墨画，很好地体现了中式文化的底蕴，打造出典雅、素洁的空间氛围。

米色网纹大理石

红橡木金刚板　木质窗棂造型

材料搭配

镜面、壁纸、木质窗棂格栅的运用，让客厅设计更加丰富，也很能体现中式风格的传统韵味。

米色网纹墙砖

装饰壁布

中花白大理石

实木雕花

木纹大理石

印花壁纸

软装运用 ←

简洁的布艺沙发与靠枕，让客厅显得更加温馨、舒适。

肌理壁纸

胡桃木装饰线

材料搭配 ←

壁纸与木质线条，简洁大方，却不失装饰的层次感，让整个空间典雅、温馨。

软装运用 ➔

简洁的布艺沙发，让中式风格空间显得更加温馨、舒适。

木纹大理石

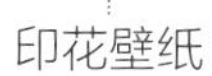

印花壁纸

金箔壁纸

有色乳胶漆

米色网纹大理石

软装运用 →

传统木质家具、工艺品画及瓷器的装扮，让整个空间都散发着浓郁的中式文化气息。

木纹大理石

木质窗棂造型

米白色人造大理石

白色乳胶漆

材料搭配 ←

木窗棂的运用，让客厅墙面的设计更加有层次感，与大理石搭配更显典雅、温馨。

中花白大理石

米色大理石

如何设计现代中式电视墙

现代中式装饰风格其实是现代装饰风格和中式风格的完美结合，而新中式风格的电视墙其实只要恰当地采用一点中式元素，包括花窗格、壁画等，就可以轻松地营造出来。需要注意的是，这种中式的点缀不宜用得过多，在适当的地方稍微点缀即可。中式装饰元素很多都比较抢眼，大量运用的话必须经过精心的设计，否则容易显得没有主次，令人眼花缭乱。

木板在新中式电视墙装修上应用非常广泛。例如，可以在木饰面板上用阴文雕刻中国传统书法艺术，构成书简的形式。如果需要更多的置物空间，也可以用隔板在电视墙上做一个多宝格，下面做地柜，用来替代传统的电视柜，从而形成一个美观又实用的新中式电视墙。

红樱桃木装饰线

青砖

米色网纹大理石

肌理壁纸

中花白大理石

仿古墙砖

米色玻化砖

灰白色网纹玻化砖

金箔壁纸

米色网纹无缝玻化砖

装饰壁布

布艺软包

软装运用 →

简化的中式风格家具，为空间增添了一份硬朗的现代气息。

红樱桃木装饰线

木纹大理石

材料搭配 →

大理石、镜面与木质材料的搭配运用，让中式风格的硬装多了一份简洁的美感。

白色人造大理石

木质格栅

手绘墙饰

色彩搭配

以米色、白色、棕色作为底色的客厅内，彩色软装元素的运用，点缀出稍显热烈的东方美感。

软装运用

线条简洁的新中式风格家具，打造出温馨、舒适的空间氛围。

米色网纹大理石

有色乳胶漆

订制墙砖

软装运用 ➜

中式木质家具的对称摆放，彰显了传统中式规整的美感。

米黄大理石

米色人造大理石

红橡木饰面板

肌理壁纸

云纹大理石

胡桃木装饰线

胡桃木装饰横梁

软装运用

实木家具与布艺相结合，让待客空间更加舒适。

云纹大理石

材料搭配

运用大理石作为电视墙的主要装饰材料，简洁大气。

浅啡网纹大理石

艺术地毯

色彩搭配

米色+白色+棕色的色彩搭配，尽显中式风格典雅、温馨的特点。

中式顶棚如何设计

中式顶棚的设计主要分天花板和藻井两种方式。天花板以木条相交成方格形，上覆木板，然后再施以彩画；藻井则以木块叠成，结构复杂，色彩绚烂，多用极为精致的雕花组成，是我国古代建筑中重点的室内装饰。中式顶棚设计中不可缺少的是雕花的运用。装饰或力求华丽，镶嵌金、银、玉、珐琅、百宝等珍贵材料，或用小面积的浮雕、线刻、嵌木、嵌石等手法，题材取自名人画稿，以山水、花鸟、松、竹、梅多见，并采用方花纹、灵芝纹、鱼草纹及缠枝莲等图案，富含长寿、多子、财富等吉祥内涵。

浅啡网纹大理石

木纹大理石

红樱桃木饰面板

中花白大理石

艺术地毯

白色玻化砖

灰白洞石

红橡木饰面板

艺术地毯

手绘墙饰

软装运用 →

简化的中式风格家具，典雅大气的同时也多了一份硬朗的美感。

米黄大理石

手绘墙饰

印花壁纸

白枫木装饰线

材料搭配 ←

仿古砖的运用，让空间的色彩基调更加稳重，也为空间注入一份古朴的质感。

中花白大理石

木纹大理石

米色玻化砖

装饰壁布

白色人造大理石

色彩搭配

大地色系的运用，给人带来沉稳、典雅的视觉感受。

水曲柳饰面板

白枫木窗帘造型

软装运用

米白色的布艺沙发，让客厅的氛围显得更加简洁、舒适。

米色人造大理石

浅啡网纹大理石

艺术地毯

实木装饰线密排

色彩搭配 →

棕红色的木质家具，让整个客厅空间的视觉重心更加稳定。

金箔壁纸

泰柚木饰面板

软装运用

对称的方形壁灯，呈现出中式风格强调装饰对称的美感。

材料搭配

经过抛光处理的大理石，让设计造型简洁大方的电视墙尽显低调的华丽感。

米色网纹玻化砖

印花壁纸

木纹大理石

传统中式客厅的常用家具

客厅常见的家具包括沙发、茶几、电视柜等，中式客厅的装饰设计也离不开这些要素。在传统的中式装饰中，圈椅、官帽椅是其代表性元素，起着重要的作用。明式圈椅、官帽椅造型简洁，线条雅致，在客厅或者书房中摆放两只这样的椅子，中间再放置一个小几，则一股淳朴、沉稳的气息油然而生。官帽椅分为南官帽椅、四出头式官帽椅两种，在具体应用时区别不大。条案也常用于中式客厅的装修，条案有平头的和翘头的两种，条案脚有马蹄脚、卷纹脚等形状，可以根据业主的喜好选择使用。

红樱桃木饰面板

手绘墙饰

仿古壁纸

木质窗棂造型

白色玻化砖

金箔壁纸

手绘墙饰

木质窗棂造型

木纹玻化砖

米色大理石

材料搭配

电视墙的凹凸设计造型，让墙面设计更加丰富、更有立体感。

软装运用 →

线条简练的中式沙发与木质家具组合，体现了中式风格的传统美感。

黄橡木金刚板

红樱桃木饰面板

米色网纹大理石

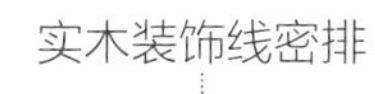

材料搭配 →

大理石与木材的搭配运用，打造出一个温馨、典雅的客厅氛围。

米白洞石

中式花边地毯

木质窗棂造型

浅啡网纹大理石

软装运用 →

造型别致的吊灯，成为客厅中的装饰亮点，为中式风格空间增添一份异域情调。

米色网纹大理石

胡桃木装饰线

装饰壁布

布艺软包

色彩搭配 ←

蓝色作为空间的主色调，演绎出中式风格沉稳、贵气的一面。

材料搭配

白色乳胶漆的运用，彰显了新中式风格简洁与大气。

米色网纹玻化砖

有色乳胶漆

木纹壁纸

米黄大理石

白色乳胶漆

木质窗棂造型

灰色洞石

软装运用

柔软的白色布艺沙发，加强了待客空间的舒适感。

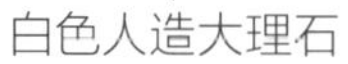

白色人造大理石

色彩搭配

米色+棕色+白色的搭配，给人呈现出现代中式典雅舒适的视觉效果。

仿古砖

木纹玻化砖

如何选购小户型客厅家具

小型家具所占用的使用面积较少，令人感觉空间似乎变大了不少。小客厅首选的家具是低矮型的沙发。这种沙发有低矮的设计，没有扶手，流线型的造型，摆放在客厅中感觉空间更加流畅。根据客厅面积的大小，可以选用三人、两人或 1+1 型的，再配上小圆桌或迷你型的电视柜，让空间感觉宽敞。同时，沙发床也是小户型必备。沙发床可以充当座椅的功能，有客人入住，展开沙发床，铺上被褥就是一张睡床。目前市场上的沙发床可分为将椅背拉平的折叠式和靠滑轨拖拉伸缩的拖拉式，床架的折叠和展开过程易于操作。收起后的沙发床显得非常精巧而不笨拙，一般都比当做床使用时所占面积均缩小了近二分之一，坐在上面的舒适感与真正的沙发一样。

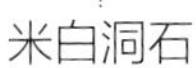

米白洞石

米白色亚光玻化砖

黑胡桃木饰面板

装饰壁布

红樱桃木饰面板

印花壁纸

米色人造大理石

印花壁纸

胡桃木饰面板

布艺硬包

金箔壁纸

红樱桃木饰面板

软装运用 →

中国蓝的布艺沙发让客厅的氛围更加活跃，也更有层次。

胡桃木装饰线

中花白大理石

装饰壁布

爵士白大理石

色彩搭配 ←

米色+棕色的色彩搭配，层次分明，又能体现现代中式的美感。

米黄大理石

手绘墙饰

色彩搭配

黄色软装元素的点缀，为典雅的客厅空间增添了一份富贵气息。

浅啡网纹玻化砖

肌理壁纸

软装运用

创意吊灯让典雅的中式风格空间显得更加时尚。

云纹大理石

米色人造大理石

软装运用 ➜

布艺沙发为新中式风格客厅增添了一份舒适、温馨的感觉。

灰色大理石

木纹大理石

米黄大理石

有色乳胶漆

装饰壁布

红橡木金刚板

艺术地毯

米色大理石

软装运用

布艺沙发与实木家具，打造出舒适、古朴的空间氛围。

山纹大理石

材料搭配

运用山纹大理石作为电视墙装饰，再搭配木质窗棂，使设计造型更加丰富、更有层次。

如何选购实木家具

在选购实木家具时，首先，向销售商询问家具是否为“全实木”，何处使用了密度板；其次看柜门、台面等主料表面的花纹、疤结是否里外对应，必要时要检查一下表层是否为贴上去的。用手敲几下木面，实木制件会发出较清脆的声音，而人造板则声音低沉。最后也是最重要的一步就是闻一下家具。多数实木家具带有特定树种的香气，松木有松脂味，柏木有柏香味，樟木有很明显的樟木味，但纤维板、密度板则会有较浓的刺激性气味，尤其是在柜门或抽屉内，两者比较容易区分。

订制墙砖

红樱桃木饰面板

软装运用 →

客厅中家具及饰品的对称摆放，彰显了传统中式规整、对称的美感。

米黄大理石

木质窗棂造型

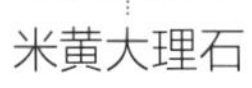

米黄大理石

订制墙砖

印花壁纸

红橡木金刚板

白色乳胶漆

米黄洞石

色彩搭配 →

黑色+白色+米色的色彩搭配，是新中式风格的经典配色，彰显了色彩搭配的自然与和谐。

手绘墙饰　艺术地毯

软装运用 →

现代风格圈椅摒弃了古典中式的复杂造型，线条简洁优美，是客厅中最亮眼的搭配。

有色乳胶漆　木质窗棂造型

仿古壁纸

中花白大理石

艺术地毯

云纹大理石

软装运用 →

精雕细琢的实木家具，彰显了中式风格精致、奢华的特点。

木质窗棂造型

仿古壁纸

木质窗棂造型

材料搭配 ←

抛光的石材与壁纸，让传统中式风格更加典雅、更有韵味。

材料搭配 →

人理石与木材的搭配，体现了中式风格典雅温馨的美感。

米色网纹大理石

实木雕花

印花壁纸

仿古砖

中花白大理石

艺术地毯

印花壁纸

胡桃木饰面板

软装运用

对称陈列的客厅家具，尽显中式风格规整、大气的美感。

泰柚木饰面板

材料搭配

石材与木材相结合，让客厅的硬装显得更加和谐、更加舒适。

红橡木金刚板

仿古壁纸

如何选购藤艺家具

1. 细看材质，如藤材表面起皱纹，说明该家具是用幼嫩的藤加工而成，韧性差、强度低，容易折断和腐蚀。藤艺家具用材讲究，除用云南的藤以外，好多藤材来自印度尼西亚、马来西亚等东南亚国家，这些藤质地坚硬，首尾粗细一致。

2. 用力搓搓藤杆的表面，特别注意节位部分是否有粗糙或凹凸不平的感觉。印度尼西亚地处热带雨林地区，终年阳光雨水充沛，火山灰质土壤肥沃，那里出产的藤以材质饱满匀称而著称。

3. 可以用双手抓住藤家具边缘，轻轻摇一下，感觉一下框架是不是稳固；看一看家具表面的光泽是不是均匀，是否有斑点、异色和虫蛀的痕迹。

米黄大理石

木纹大理石

米白色玻化砖

米白洞石

红橡木金刚板

米黄洞石

米色人造大理石

金箔壁纸

米黄洞石

软装运用 

米色的布艺沙发，让中式风格客厅显得更加温馨、舒适。

木质窗棂造型贴茶镜

装饰壁布　红樱桃木饰面板

色彩搭配

黄色宫灯的运用，是整个客厅色彩搭配中最亮眼的点缀，让客厅配色更加有层次。

青砖

米色大理石

木质窗棂造型

手绘墙饰

深咖啡色大理石

米黄色玻化砖

软装运用

布艺家具与实木家具的结合运用，打造出一个舒适、温馨的待客空间。

木纹大理石

材料搭配

抛光大理石装饰的电视墙，尽显奢华与大气。

仿岩涂料

胡桃木饰面板

泰柚木金刚板

米黄云纹大理石

软装运用

精雕细琢的木质家具，让客厅的古典韵味十足。

红樱桃木装饰线

肌理壁纸

米色网纹玻化砖

木纹大理石

米色玻化砖

肌理壁纸

布艺软包

色彩搭配

黄色、红色的运用，彰显了古典中式风格寓意吉祥富贵的含义。

胡桃木装饰线

艺术地毯

金箔壁纸

布艺软包

软装运用

现代中式风格的家具线条简洁硬朗，对称摆放，彰显了传统风格的规整感。

红橡木金刚板

米白洞石

红樱桃木饰面板

泰柚木饰面板

云纹大理石

米色网纹玻化砖

软装运用 ←

古色古香的实木家具，让客厅的氛围更加古朴雅致。

手绘墙饰

有色乳胶漆

材料搭配 ←

山水画题材的手绘墙，尽显传统中式文化的韵味。

如何选购仿古家具

购买仿制的古典家具时，要在材质上分清是花梨木、鸡翅木还是紫檀木的，这都很有讲究。如果一件古典家具标明是红木而价格却很便宜，那一定不是真的。如果标价符实，还要看它的具体材质，因为每一种材料也分高、中、低档。如果看上了一件价格不菲的古典家具，更要找个懂行的人同去。选购时，要仔细检查家具的每一处外观和细部，如古典家具的脚是否平稳、成水平状，榫头是否结合紧密，是否有虫蛀的痕迹，抽屉拉门开关是否灵活，接合处木纹是否顺畅等。

白色乳胶漆

米色人造大理石

软装运用 →

青花瓷器的运用，让空间的色调更加丰富，也强调了中式风格的传统文化底蕴。

中花白大理石

胡桃木金刚板

白枫木饰面板

云纹大理石

软装运用

古典欧式吊灯是客厅中最别致的装饰，为中式风格空间增添了一份欧式的浪漫与奢华。

米色人造大理石

银镜装饰线

木纹大理石

云纹大理石

软装运用 →

水墨装饰画的运用，很好地体现了中式文化的底蕴，营造出典雅的空间氛围。

米色网纹玻化砖

中花白大理石

米黄大理石

手绘墙饰

材料搭配 ←

手绘牡丹图充分展现了传统中式文化的底蕴。

艺术地毯

胡桃木装饰横梁

肌理壁纸

金属砖

米白洞石

软装运用

线条简洁的布艺沙发搭配古色古香的实木家具，让客厅的搭配既有层次又显舒适。

木纹玻化砖

色彩搭配

黄色、蓝色的点缀，让空间色彩的效果更加跳跃、更有层次。

金箔壁纸

爵士白大理石

艺术地毯

泰柚木饰面板

中花白大理石

绯红网纹大理石

手绘墙饰

软装运用

精雕细琢的实木家具，为客厅增添了一份古朴、雅致的气息。

金箔壁纸

米白洞石

木纹大理石

软装运用 →

中式木质家具的线条优美，表现出现代风格硬朗、简洁的美感。

中花白大理石

木纹大理石

印花壁纸

木质窗棂造型

色彩搭配 ←

棕红色与米色的搭配，极富古典韵味，同时搭配绿植花卉，为居室增添自然的温馨感。

装饰茶镜

米黄大理石

艺术地毯

中花白大理石

中花白大理石

软装运用

对称摆放的中式台灯，彰显了传统中式风格的文化底蕴。

米白洞石

色彩搭配

白色的运用，让空间的色彩搭配更有层次，有效地缓解了大地色系的沉重感。

如何选购实木复合地板

1. 查环保指标。使用脲醛树脂制作的实木复合地板都存在一定的甲醛释放量，环保实木复合地板的甲醛释放量必须符合国家标准要求。

2. 找知名品牌。即使是用高端树木板材制成的实木复合地板，质量也参差不齐。所以在选购实木复合地板时，最好购买品牌影响力比较大的。大品牌的售后通常都比较正规，出了问题可以找商家去解决。

3. 选合适的颜色。地板颜色应根据家庭装饰面积的大小、家具颜色、整体装饰格调等因素而定：面积大或采光好的房间，用深色实木复合地板会使房间显得紧凑；面积小的房间，用浅色实木复合地板会给人以开阔感，使房间显得明亮。家具颜色深时，可用中色地板进行调和；家具颜色浅时，可选一些暖色地板。

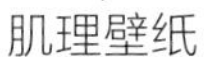

肌理壁纸

中花白大理石

灰白洞石

艺术地毯

印花壁纸

装饰壁布

红樱桃木装饰立柱

红橡木金刚板

中花白大理石

黑白根大理石波打线

软装运用

青色、黄色瓷器元素的运用，成为客厅中最亮的点缀。

软装运用 →

布艺沙发的运用，增强了客厅空间的舒适度与色彩层次。

色彩搭配 →

两盏黄色台灯的运用，为古朴典雅的空间增添了一份富贵气息。

材料搭配 →

壁纸、木质材料与乳胶漆的运用，让客厅的硬装搭配更加和谐，更显温馨与舒适。

泰柚木饰面板

红樱桃木顶角线

色彩搭配 →

红色抱枕的点缀，为空间增添了一份华贵、富丽的气息。

木纹大理石

木质窗棂造型

米黄网纹大理石

木质格栅吊顶

材料搭配 ←

抛光大理石的运用，为客厅增添了一份简洁的美感。

软装运用 →

三幅水墨画的运用，让中式传统文化的韵味更加浓郁，同时也彰显了中式搭配的平衡美感。

印花壁纸

中花白大理石

中花白大理石

木质百叶

肌理壁纸

灰白云纹大理石

中花白大理石

大花白大理石

爵士白大理石

木纹亚光地砖

灰白洞石

浅啡网纹玻化砖

软装运用

柔软舒适的中式布艺沙发，让客厅更加温馨、舒适。

木纹大理石

软装运用 →

组合装饰画的运用是整个空间的装饰亮点，彰显了中式风格的规整与大气。

云纹大理石

材料搭配 →

云纹大理石的运用让空间的硬装简洁、大气，同时又不失装饰美感。

红橡木金刚板

米色玻化砖

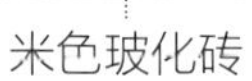

米色玻化砖

木质格栅吊顶

色彩搭配 →

少量的红色点缀出传统中式风格华丽的美感。

手绘墙饰

皮革软包

色彩搭配 ←

灰色+白色+棕色的色彩搭配，在红色装饰画的点缀下，层次更加分明。

如何选购强化地板

强化地板也叫复合木地板、强化木地板。一些企业出于不同的目的，往往会自己命名，例如，超强木地板、钻石型木地板等，不管其名称多么复杂、多么吸引人，这些板材都属于强化地板。强化地板的价格选择范围大，各阶层的消费者都可以找到适合自己的款式。强化地板耐污、抗酸碱性好，防滑性能好，耐磨、抗菌，不会虫蛀、霉变，尺寸稳定性好，不会受温度、湿度影响而变形，色彩、花样丰富。

白色乳胶漆

装饰壁布

木纹大理石

仿古砖

胡桃木装饰立柱

软装运用

造型别致的吊灯，加强了空间的设计感，成为整个客厅装饰的亮点。

板岩砖

米色抛光墙饰

中花白大理石

软装运用 →

整体电视柜的造型采用传统的对称式设计，呈现出中式风格的平衡美感。

米白色人造大理石

色彩搭配 →

一抹中国蓝成为客厅配色最亮眼的点缀，令现代中式风格空间更显生动与活泼。

木质花格

灰白洞石

材料搭配 →

木质装饰元素最能体现传统中式韵味，也更能体现质感。

红橡木金刚板

装饰壁布

云纹大理石

红樱桃木饰面板

布艺硬包

红樱桃木饰面板

软装运用

精雕细琢的实木家具，给人呈现出一个古色古香的视觉效果。

材料搭配

石材、镜面与木质窗格的搭配，让客厅的硬装更丰富、更有层次。

米色大理石

人造大理石

灰白色网纹玻化砖

米色亚光地砖

中花白大理石

米色网纹大理石

肌理壁纸

云纹大理石

软装运用

精美的仕女图，彰显了传统中式文化的底蕴。

金箔壁纸

米色网纹无缝玻化砖

装饰壁布

红樱桃木饰面板